Constanze Heusinger

Auswirkung der Herabregulation von FaGT5 in Erdbeerfrüchten auf den Sekundärstoffwechsel

GRIN Verlag

Bibliografische Information der Deutschen Nationalbibliothek:

Die Deutsche Bibliothek verzeichnet diese Publikation in der Deutschen Nationalbibliografie; detaillierte bibliografische Daten sind im Internet über http://dnb.d-nb.de/ abrufbar.

Impressum:

Druck und Bindung: Books on Demand GmbH, Norderstedt Germany
ISBN: 978-3-656-93101-0

Dieses Buch bei GRIN:

http://www.grin.com/de/e-book/294950/auswirkung-der-herabregulation-von-fagt5-in-erdbeerfruechten-auf-den-sekundaerstoffwechsel

Technische Universität München

Wissenschaftszentrum Weihenstephan für Ernährung, Landnutzung und Umwelt
Department für Ernährungs- und Lebensmittelwissenschaften
Biotechnologie der Naturstoffe

Auswirkung der Herabregulation von FaGT5 in Erdbeerfrüchten auf den Sekundärstoffwechsel

Bachelor´s Thesis

von

Constanze Heusinger

Abgabedatum: 28.10.2013

Inhalt

Abkürzungsverzeichnis

ANS	Anthocyanidin-Synthase
CHS	Chalkon-Synthase
DFR	Dihydroflavonol-4-Reduktase
FLS	Flavonol-Synthase
GT	Glycosyltransferase
HPLC	Hochleistungsflüssigkeitschromatographie
LCMS	Flüssigkeitschromatographie mit Massenspektrometrie
PAL	Phenylalanin-Ammoniak-Lyase
UDP	Uridindiphosphat
UDPG	Uridindiphosphat-D-Glucose
XCMS	Rohdaten aus LCMS

Zusammenfassung

Pflanzliche Glycosyltransferasen katalysieren die Übertragung eines aktivierten Zuckermoleküls auf eine Vielzahl verschiedener Verbindungen. Dabei spielen sie eine entscheidende Rolle bei der Biosynthese von Sekundärmetaboliten, sind am pflanzlichen Abwehrmechanismus beteiligt und regulieren die Konzentration wichtiger Pflanzenhormone. Biotechnologisch können Glycosyltransferasen zur Produktion physiologisch bedeutender Glycoside eingesetzt werden (Griesser, 2006: 1).

Einleitung

Der Transfer von Glucose ist quantitativ gesehen die wichtigste Reaktion auf der Erde (Coutinho et al., 2003). Enzyme können entsprechend der katalysierten Reaktion und ihrer Substratspezifität gemäß der Nomenklatur der *International Union of Biochemistry and Molecular Biology* (IUBMB) eingeordnet werden (Campbell et al., 1997). Glycosyltransferasen gehören zur Klasse EC 2.4.x.y. Eine exakte Einteilung ist aber oft nicht möglich, da viele potentielle Glycosyltransferasen nicht vollständig biochemisch charakterisiert wurden oder viele Enzyme mehrere Substrate akzeptieren (Coutinho et al., 2003). Deshalb werden Glycosyltransferasen nach Substratspezifität und Sequenzhomologien geordnet (Campbell etal., 1997; Coutinho et al., 2003).

Pflanzliche Glycosyltransferasen katalysieren die Übertragung eines aktivierten Zuckermoleküls auf viele verschiedene Akzeptoren (Vogt und Jones, 2000). In Abbildung 1 ist beispielhaft die Glucosylierung des Anthocyanidins Pelargonidin durch eine Glucosyltransferase aus Erdbeerfrüchten dargestellt. Das entstehende Pelargonidin-3-glucosid ist der wichtigste Farbstoff der Erdbeerfrucht (Bakker et al., 1994).

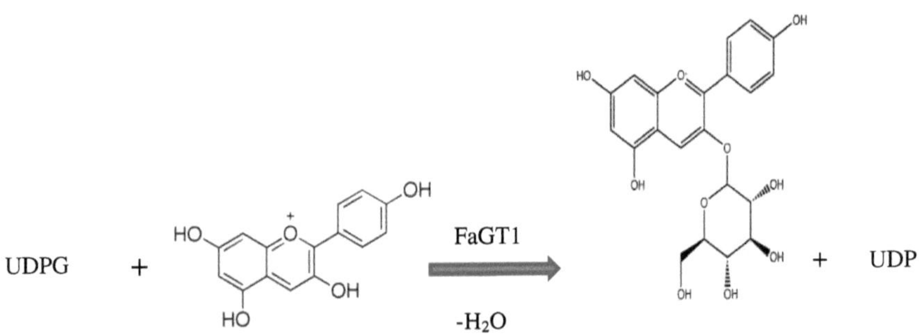

Abb. 1: Glucosylierung von Pelargonidin durch die Glucosyltransferase FaGT1 aus Erdbeerfrüchten. Das Enzym überträgt ein Molekül D-Glucose des aktivierten Zucker-Donors Uridindiphosphat-D-Glucose (UDPG) auf die Hydroxygruppe 3 des Pelargonidin.

Als Substrate kommen Sekundärmetabolite wie Flavonoide, Phenylpropanoide, Terpene, Cyanhydrine und Alkaloide in Frage (Vogt und Jones, 2000). Die meisten Glycosyltransferasen weisen keine strikte Substratspezifität für das Akzeptormolekül auf, sind eher regiospezifisch und katalysieren die Übertragung des Zuckers auf eine oder wenige definierte Positionen. Dagegen besteht für den Zuckerdonor eine hohe Spezifität. Die meisten Glycosyltransferasen akzeptieren bevorzugt UDP-D-Glucose.

Theoretischer Teil

Die Erdbeere ist einer der beliebtesten Früchte weltweit und stellt eine reichhaltige Quelle an Phytochemikalien dar. Aufgrund ihres ernährungsphysiologischen Wertes und ihrer sensorischen Eigenschaften wird sie sehr geschätzt (Zorilla-Fontanesi et al., 2011).

Erdbeeren gehören zu der Gattung *Fragaria* in der Familie der *Rosaceae* (Hancock, 1999). Die Walderdbeere *F. vesca* ist in Europa die heimische Wildform und zeichnet sich durch ihre tiefrote Farbe und ihr intensives Aroma aus. Die wichtigste Erdbeere ist heute die Kulturerdbeere *F. x ananassa* (Hancock, 1999). Sie entstand aus einer zufälligen Kreuzung der amerikanischen Wildformen *F. chiloensis* und *F. virginiana* und bekam von dem französichen Botaniker Antoine Nicholas Duchesne den Namen Ananaserdbeere. Seit Beginn des 19. Jahrhunderts werden *F. x ananassa* Sorten kommerziell gezüchtet, sodass über 600 verschiedene Sorten bekannt sind, die sich in Größe, Aussehen, Geruch und Geschmack der Früchte unterscheiden (Hancock, 1999; Horvath *et al.*, 1996).

1. Inhaltsstoffe der Erdbeere

Reife Erdbeerfrüchte von *F. x ananassa* besitzen einen Brennwert von ca. 30kcal pro 100 g Frischgewicht und bestehen zu ca. 90% aus Wasser und 10% aus gelösten Verbindungen (Hancock, 1999). Je nach Sorte kann der Wassergehalt zwischen 88 und 94% variieren. Die wichtigsten Zucker sind D-Glucose (2%) und D-Fructose (2%), die in etwa den gleichen Teilen vorliegen und zusammen etwa 40% der Trockenmasse ausmachen. Weitere Inhaltsstoffe sind Ballaststoffe (1,5%, v.a. Pektin), organische Säuren (1,5%, v.a. Zitronensäure), Protein (0,8%) und Fett (0,4%). Der wichtigste Mineralstoff ist Kalium (Souci et al., 2008; Giampieri et al., 2012).

Das Aroma reifer Erdbeerfrüchte besteht aus ca. 360 flüchtigen Verbindungen (Latrasse, 1991; Zabetakis und Holden, 1997), von denen etwa 15 entscheidend zum Aroma beitragen (Schieberle und Hofmann, 1997), darunter sind 2,5-Dimethyl-4-hydroxy-3(2H)-furanon (DMHF), 2,5-Dimethyl-4-methoxy-3(2H)-furanon (DMMF), (Z)-3-Hexenal, Methylbutanoat, Ethylbutanoat, Ethylhexanoat, Diacetyl und Linalool (Larsen und Poll, 1992; Schieberle und Hofmann, 1997). Der Beitrag der einzelnen Verbindungen zum Gesamtaroma variiert je nach Sorte (Larsen *et al.*, 1992).

Neben dem Aroma zählt die rote Farbe der Erdbeeren zu den qualitätsbildenden Merkmalen. Diese wird durch Anthocyane hervorgerufen, wovon in *F. x ananassa* Pelargonidin-3-glucosid den größten Anteil (90%) ausmacht.

Des Weiteren wird die Erdbeere aufgrund ihres Gesundheitswertes sehr geschätzt, da sie einen hohen Gehalt an Vitamin C (etwa 100 mg pro 100 g Frischgewicht) und Folsäure (etwa 25µg pro 100g Frischgewicht) aufweist (Souci et al., 2008; Giampieri et al., 2012). Zusätzlich enthalten Erdbeeren viele verschiedene Polyphenole, deren antioxidative Eigenschaften oft in Verbindung mit der Verringerung koronarer Herzkrankheiten gebracht werden (Törrönen und Määttää, 2002; Hannum, 2004).

1.1. Primärstoffwechsel

Primärmetabolite, wie Kohlenhydrate, Fettsäuren und Aminosäuren, kommen in allen Pflanzen vor und erfüllen dort immer die gleichen Aufgaben. Neben den Primärmetaboliten bilden die Pflanzen aber auch Sekundärmetabolite, wie Alkaloide, Isoprenoide, Anthocyane, Flavonole und Phenylpropanoide. Diese haben keine Funktion im Primärstoffwechsel und sind in den jeweiligen Pflanzen spezifisch. Sie haben dort genau definierte ökologische Aufgaben inne, wie zum Beispiel das Anlocken von Insekten oder den Schutz vor Fressfeinden (Forkmann und Martens, 2001; Davies *et al.*, 2006). Die große Vielfalt der von Pflanzen synthetisierten Sekundärmetabolite wird vor allem durch Modifikation des Grundgerüsts mit unterschiedlichen funktionellen Gruppen erreicht (Jones und Vogt, 2001). Dabei spielt die enzymatische Übertragung von Carboxy-, Hydroxy-, Methoxygruppen und Zuckern eine entscheidende Rolle. So gibt es beispielsweise allein von Quercetin über 300 unterschiedliche Glycoside und über 5000 verschiedene Flavonoide. Diese hohe Anzahl an Sekundärmetaboliten ermöglicht den Pflanzen eine flexible Anpassung an verschiedene Umwelteinflüsse (Bowles *et al.*, 2006).

1.2. Phenylpropanstoffwechel und Flavonoid-Biosynthese

Phenolische Substanzen sind im gesamten Pflanzenreich weit verbreitet und stellen die vielfältigste Gruppe pflanzlicher Sekundärmetabolite dar (Pereira *et al.*, 2009). Über 8000 phenolische Strukturen sind derzeit bekannt (Dai und Mumper, 2009). Ihr Spektrum reicht von einfachen Molekülen wie Phenylpropansäuren bis hin zu hochpolymeren Netzwerken wie Tanninen oder Ligninen (Ververidis *et al.*, 2007).

Aus dem Phenylpropanstoffwechsel lassen sich die in Erdbeeren vorkommenden Anthocyane, Flavonole, Hydroxybenzoesäuren und Hydroxyzimtsäuren ableiten (Forkmann und Martens,

2001). Dabei ist der Ausgangspunkt die Aminosäure Phenylalanin, die über den Shikimatweg gebildet wird. Die PAL (Phenylalanin-Ammoniak-Lyase) katalysiert die Abspaltung von Ammoniak und die Bildung von Zimtsäure. Aus Phenylpropanen werden durch Abspaltung eines C_2-Fragmentes Benzoesäurederivate gebildet. Dann bildet die CHS (Chalcon-Synthase) das Grundgerüst der Flavonoide aus einem Molekül 4-Cumaryl-CoA und drei Molekülen Malonyl-CoA. Die wichtigsten Substrate für die Hydroxylierung des B-Rings sind Naringenin und Dihydrokämpferol. Einen weiteren Verzweigungspunkt stellen Dihydroquercetin und Dihydrokämpferol dar. Durch die FLS (Flavonol-Synthase) entstehen die entsprechenden Flavonole, während die DFR (Dihydroflavonol-4-Reduktase) und die ANS (Anthocyanidin-Synthase) zur Bildung der Anthocyanidine führen. Sowohl Anthocyanidine als auch Flavonole werden anschließend durch Glycosyltransferasen (GT) glycosyliert.

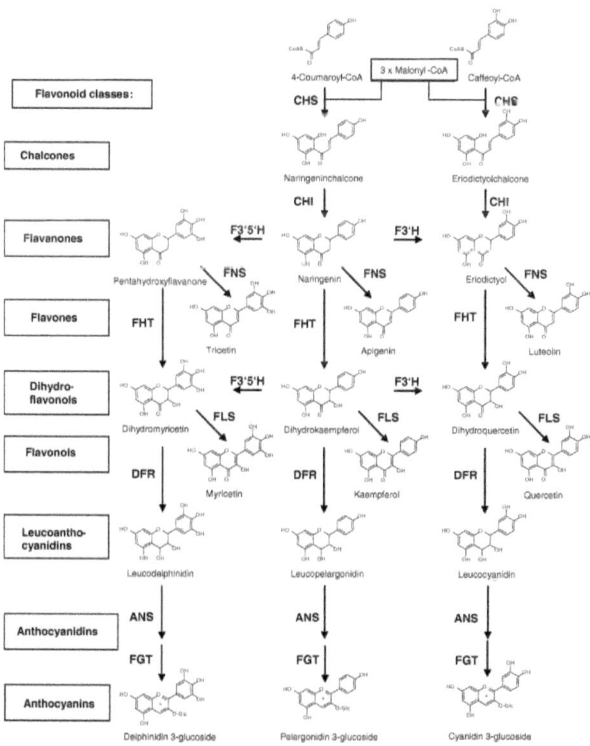

Abb. 2: Schematische Darstellung der Biosynthese der Flavonoide

1.3. Anthocyane

Erdbeeren enthalten ausschließlich Glycoside der Anthocyanidine Pelargonidin und Cyanidin. Neben dem wichtigsten Farbstoff Pelargonidin-3glucosid (ca. 90%) wurden auch geringe Mengen Cyanidin-3-glucosid (4%) und andere Glycoside von Pelargonidin nachgewiesen. Die Konzentration der Anthocyane ist insgesamt geringer als in anderen, stärker gefärbten Früchten wie zum Beispiel in Brombeeren und schwanken relativ stark von Sorte zu Sorte (Wang und Lin, 2000).

Aglykone der Anthocyane (Anthocyanidine)

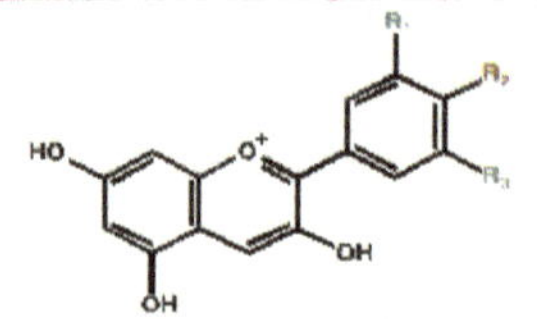

Name	R1	R2	R3
Pelargonidin	H	OH	H
Cyanidin	OH	OH	H
Delphinidin	OH	OH	OH
Paeonidin	OCH_3	OH	H
Petunidin	OH	OH	OCH_3
Malvidin	OCH_3	OH	OCH_3

Abb.3: Strukturformel und Substitutionsmuster der Anthocyane

1.4. Flavonole

Der Gehalt an Flavonolen ist in den verschiedenen Erdbeersorten stark unterschiedlich (Mikkonen et al., 2002). Quercetin und Kämpferol sind in der Regel am häufigsten vorhanden (Häkkinen und Törrönen, 2000). Erdbeerfrüchte weisen ein komplexes Flavonolglycosidmuster auf. In der Literatur wurden beispielsweise sieben verschiedene Glycoside von Kämpferol beschrieben (Macheix *et al.*, 1990). Ryan (1971) erkannte 3-glucoside und 3-glucuronide von Kämpferol und Quercetin sowie Kämpferol-3-glucosid. Henning (1981) erklärte, dass lediglich Glycoside von Kämpferol und Quercetin in Erdbeerfrüchten vorkommen. Als Hauptglycoside erkannte er 3-glucuronide, 3-glucoside und 3-xylosylglucuronide.

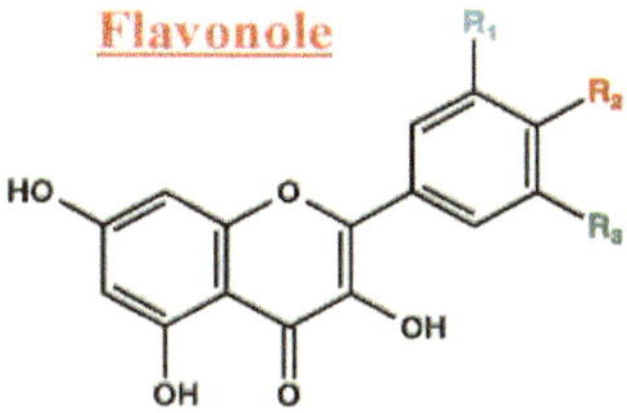

Name	R1	R2	R3
Myricetin	OH	OH	OH
Quercetin	OH	OH	H
Isorhamnetin	OCH_3	OH	H
Kämpferol	H	OH	H
Galangin	H	H	H

Abb.4: Strukturformel und Substitutionsmuster der Flavonole.

1.5.Hydroxyzimtsäuren und Hydroxybenzoesäuren

In vielen Früchten kommen Hydroxyzimtsäuren und Hydroxybenzoesäuren mit D-Glucose konjugiert vor.

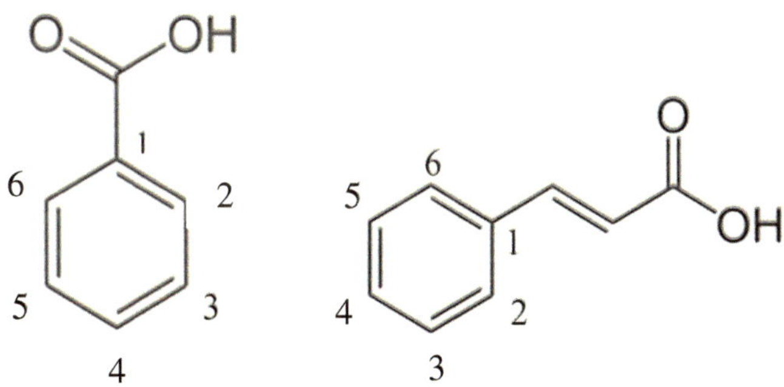

Benzoesäure **Zimtsäure**

Benzoesäure	Zimtsäure	2	3	4	5
4-Hydroxybenzoesäure	p-Cumarsäure	H	H	OH	H
3,4-Dihydroxybenzoesäure	Kaffeesäure	H	OH	OH	H
Vanillinsäure	Ferulasäure	H	OCH_3	OH	H
-	Sinapinsäure	H	OCH_3	OH	OCH_3

Abb. 5: Strukturformeln und Substitutionsmuster von Benzoesäure und Zimtsäure.

In Erdbeerfrüchten dominiert mengenmäßig p-Cumaroylglucose. An Hydroxybenzoesäure-Verbindungen wurde vor allem p-Hydroxybenzoesäure-Glucosid nachgewiesen (Abb. 5).

Verbindungen	Konzentration (mg/kg Frischgewicht)
p-Cumaroylglucose	14-27
Feruloylglucose	1
Caffeoylglucose	1
p-Cumarsäure-Glucosid	Spuren
p-Hydroxybenzoesäure-Glucosid	3-7
5-Galloylchinasäure	1

Abb.6: Hydroxyzimtsäure- und Hydroxybenzoesäure-Verbindungen in Erdbeerfrüchten (Herrmann, 1989)

Eine weitere Untersuchung zeigte, dass auch Sinapinsäure- und Zimtsäureglucose-Ester in Erdbeerfrüchten vorkommen und die Konzentration von Glucose-Estern von Kaffeesäure, Zimtsäure und p-Cumarsäure während der Fruchtreifung ansteigt (Lunkenbein *et al.*, 2006)

2. Aufgabenstellung

Grießer (2006) beschrieb in seiner Dissertation die funktionelle Charakterisierung von Glycosyltransferasen der Erdbeerfrucht *F. x ananassa* und stellte dabei fest, dass in vitro die rekombinante FaGT5 bevorzugt Hydroxyzimtsäuren und Hydroxybenzoesäuren als Substrate akzeptiert. Die höchste Umsatzrate zeigten die Substrate mit mindestens zwei Hydroxy- oder Methoxygruppen. Das beste getestete Substrat rekombinanter FaGT5 war Kaffeesäure, gefolgt von Ferulasäure, Sinapinsäure, Vanillinsäure (Grießer, 2006:65f).

Da Hydroxyzimtsäuren und Hydroxybenzoesäuren sowohl an der Hydroxy- als auch an der Säuregruppe glucosyliert werden können, wurde die Reaktion von Kaffeesäure mit UDP-D-Glucose näher betrachtet. Durch alkalische Hydrolyse konnte Grießer (2006) zeigen, dass Kaffeesäureglucose-Ester entsteht und nicht das entsprechende Glucosid. Dies hat Konsequenzen für die funktionelle Bedeutung der FaGT5. Im Gegensatz zu Glucosiden sind Glucose-Ester von Hydroxyzimtsäuren energiereichere Verbindungen mit einem hohen Gruppenübertragungspotential (Grießer, 2006:91). Diese können als Vorstufe für verschiedene Sekundärmetabolite betrachtet werden (Lunkenbein et al., 2006a). Aufgrund der phylogenetischen Analyse testete Grießer (2006) zunächst Hydroxybenzoe- und Hydroxyzimtsäuren als Substrate. Sowohl mit Hydroxyzimtsäuren als auch mit Hydroxybenzoesäuren konnte eine Produktbildung nachgewiesen werden.

Im Rahmen dieser Arbeit sollen neue Erkenntnisse über die Glycosyltransferasen der Erdbeerfrucht gewonnen werden. Dabei stehen die Auswirkungen der Herabregulation der FaGT5 im Sekundärstoffwechsel im Fokus dieser Arbeit.

Dazu wurden nach der Extraktion der Versuchsproben mittels LCMS Metabolite bestimmt. Aus den erhaltenen Datensätzen wurden anhand der Agilent 6300 Series IonTrap LC/MS System Software QuantAnalysis und DataAnalysis bekannte und unbekannte Metabolite identifiziert und die Auswirkungen der Herabregulation der FaGT5 beurteilt. Im Vordergrund standen hierbei die Sekundärmetabolite Zimtsäure-Glucoseester, p-Hydroxybenzoesäure-Glucoseester, Kaffeesäure-Glucoseester, p-Cumaryl-D-Glucoseester und Sinapyl-Glucoseester als bekannte Metabolite und weitere unbekannte Metabolite.

3. Material und Methoden

3.1. Material

3.1.1. Chemikalien

- Interner Standard: 20 mg Biochanin A und 20 mg 4-Methylumbelliferyl-β-D-Glucuronide in 100 ml Methanol gelöst
- Methanol CH3OH, M: 32,04g/mol, Baker Analyzed LC-MS Reagent, J.T. Baker (Deventer, Niederlande)
- Biochanin A Hersteller: Sigma-Aldrich
- 4-Methylumbelliferyl-β-D-glucuronid Dihydrat (MUG); ≥ 99%, p. a., M 388.33 g/mol; Carl Roth GmbH & Co, Karlsruhe, Art.-Nr. 6394,2 (250 mg
- Destilliertes Wasser: Baker Analyzed LC-MS Reagent, J.T. Baker (Deventer, Niederlande)

3.1.2. Pflanzen

- Erdbeeren der Gattung *F. x ananassa*

In den genetisch modifizierten Früchten waren Gene des Flavonoidstoffwechsels durch RNA-Interferenz herabreguliert worden entsprechend Hoffmann et al., 2006

RNAi/Überexpression	Referenz/Sequenz	Kontrolle	Cultivar	Transformation	Gradient
CHSi	Hoffmann et al., 2006	GUS	F. x ananassa	transient	Acetonitril
GT5i	DQ289586	GUS	F. x ananassa	transient	Acetonitril

3.2. Verwendete Geräte

3.2.1. LC-MS Flüssigkeitschromatographie-Massenspektrometrie

LC-ESI-MSn: Analytisches System Esquire 3000PLUS

HPLC-System	Agilent 1100 Series (Agilent Technologies Inc., Santa Clara, CA, USA)
Pumpe	Quaternäre Pumpe G1311A (Agilent)
Injektor	Sample Injector G1313A (Agilent)

Injektionsvolumen	5 µL	
Trennsäule	Luna 3u C18(2) 100Å, 150 x 2 mm (Phenomenex, Aschaffenburg)	
Vorsäule	Security Guard Cartridges C18 4 x 2 mm (Phenomenex)	
Säulentemperatur	25 °C	
Fließmittel	A: Wasser mit 0,1 % Ameisensäure B: Methanol mit 0,1 % Ameisensäure bzw. Acetonitril mit 0,1 % Ameisensäure	
Flussrate	0,2 mL/min	
Gradient	Methanol	Acetonitril
	0 - 50 % B in 30 min	0 – 40 % B in 40 min
	50 - 100 % B in 5 min	40 – 100 % B in 5 min
	100 % B für 15 min	100% B für 7 min
	100 - 0 % B in 5 min	100 – 0 % B in 1 min
	0 % B für 10 min	0 % B für 13 min
	Laufzeit: 65 min	Laufzeit: 66 min
DAD	Diodenarray Detektor G1315B (Agilent)	
Wellenlängen:	210, 280, 360, 520 und 570 nm	

Kontinuierliche Spektrenaufnahme von 190-600 nm

MS	Bruker Daltonics esquire 3000plus Ionenfalle (Bruker Daltonics, Bremen)
Spraygas	Stickstoff (30,0 psi)

Trockengas Stickstoff (330 °C, 9 L/min)

Auflösung 13000 m/z/s

Scanbereich m/z 100 - 800

Polarität positiv/negativ alternierend

ICC Target 20000 (positiv) bzw. 10000 (negativ)

Max. Akkumulationszeit 200 ms

Zielmasse (SPS) m/z 400 (smart parameter setting)

Kapillarenspannung ± 4000 V

Endplattenspannung ± 3500 V (festgesetzt auf 500 V unter Kapillarenspannung)

MS/MS Auto-tandem MS2

Kollisionsgas Helium 5.0 (4,21 x 106 mbar)

Kollisionsspannung 1,0 V

Einstellungen Ionenfalle :

Skimmer ± 40,0 V

Cap Exit ± 121 V

Oct 1 DC ± 12,0 V

Oct 2 DC ± 1,7 V

Trap Drive 45,6

Oct RF 112,2 Vpp

Lens 1 ∓ 5,0 V

Lens 2 ∓ 60,0 V

Datenaufnahme Esquire 5.1 inkl. HP Chemstation A.09.03 (Bruker Daltonics)

3.2.2. Sonstige Geräte

- Spatel
- Mörser
- 1,5 ml Eppendorf-Gefäße
- 50 ml Falcon Tubes
- Waage: ISO 9001 (DENNER INSTRUMENT)
- PipettenDiscovery Comfort Autoclavable
  20 ÷ 200 µl
  100 ÷ 1000 µl
- Gefriertrocknungsanlage: Thermo Electron Corporation, Savant Modulyo D Freeze Dryer (Bonn)
- Vortexer: VORTEX-GENIE 2 (Scientific Industries, New York, USA)
- Zentrifuge: Sigma 2K 15(Osterode am Harz)
- Ultraschallbad: Bendelin, SONOREX SUPER RK 510 (Berlin)
- Rotationsverdampfer: Rotationsverdampder, Heidolph (Schwabach)
  - Hei-Vap Advantage
  - Laborata 4000-efficient
  - W 60 Electronic
- Rotations-Vakuum-Konzentrator: Christ, RVC 2-18 (Osterode am Harz)

3.3. Software

- Agilent Technologies: Agilent 6300 Series IonTrap LC/MS System Software Version 6.2 (DataAnalysis Version 3.4; QuantAnalysis Version 1.8)
- Statistiksoftware R (http://www.r-project.org/)

3.4. Methoden

Nach der Ernte wurden die Erdbeeren halbiert und vier Tage gefriergetrocknet. Als Probe wurde von jeder gefriergetrockneten Erdbeere eine Hälfte im Mörser homogenisiert. Dann wurden jeweils 50 mg des Pulvers in ein 1,5 ml Eppendorf-Gefäß überführt und 250 µl des Internen Standards und 250 µl Methanol zugesetzt. Jede Probe wurde daraufhin gevortext und 5 Minuten im Ultraschallbad gelassen. Nach 10 minütigem Zentrifugieren bei 15300 rpm wurde der Überstand in ein neues 1,5 ml Eppendorf-Gefäß überführt. Der Rest wurde mit 500 µl Methanol erneut extrahiert, gevortext, 5 Minuten im Ultraschallbad behandelt und zentrifugiert. Der entstandene Überstand wurde mit dem vorherigen vereinigt und 2 h im Rotations-Vakuum-Konzentrator eingeengt. Danach wurden die Proben jeweils mit 35 µl destilliertem Wasser resuspendiert, erneut gevortext, im Ultraschallbad gelassen und zentrifugiert. Der klare Überstand wurde dann in LC/MS-Fläschen überführt und zur Analyse in die LC/MS gegeben.

Die erhaltenen XCMS-Daten wurden mittels Agilent 6300 Series IonTrap LC/MS System Software (QuantAnalysis) bearbeitet. Die dadurch entstandenen Chromatogramme der Ionenspuren wurden dann mit Agilent 6300 Series IonTrap LC/MS System Software (DataAnalysis) untersucht.

4. Ergebnisse

Die Messungen des LMS-Gerätes ergaben eine Vielzahl von verschiedenen, bekannten und unbekannten, Metaboliten. Diese Metabolite wurden anhand negativer und positiver Ionisierung und Fragmentbildung charakterisiert und in Bekannt und Unbekannt eingeteilt. Bei den Bekannten Metaboliten handelt es sich um Derivate von Hydroxyzimtsäuren und Hydroxybenzoesäuren, da diese durch Grießer (2006) bereits als bevorzugte Substrate *in vitro* bei der FaGT5 getestet wurden. Diese wurden durch Vergleich mit Literaturwerten identifiziert.

4.1.Bekannte Metabolite

4.1.1. Hydroxybenzoesäure-Glucoseester

Identifiziert wurde Hydroxybenzoesäure-Glucoseester mit dem Masse-Ladungsverhältnis 299 zur Retentionszeit 18.2 Minuten bei negativer Ionisierung. Im zugehörigen Fragmentierungsmuster wurden m/z 137, 179 und 239 gemessen.

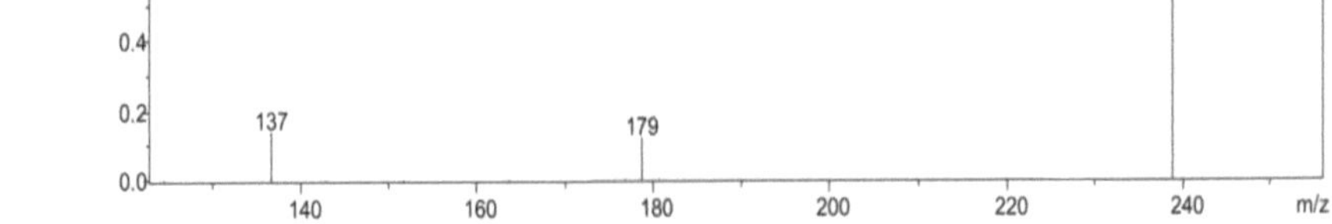

DataAnalysis: Hydroxybenzoesäure-Glucoseester, -M299; -MS2 137,179,239; Retentionszeit 18,2 min.

Für Hydroxybenzoesäure-Glucoseester konnte keine Divergenz in den LCMS-Daten zwischen der herabregulierten CHSi-Erdbeergruppe, der herabregulierten GT5-Erdbeergruppe und der Kontrollgruppe nachgewiesen werden.

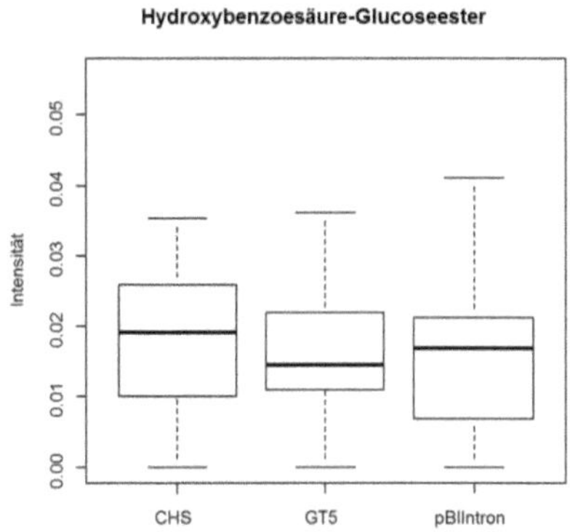

Box plot: Ratio Area Target/ISTD Hydroxybenzoesäure-Glucoseester, negative Ionisierung, Retentionszeit 18.2 min

4.1.2. Ferulasäure-Glucoseester

Identifiziert wurde Ferulasäure-Glucoseester mit dem Masse-Ladungsverhältnis 355 zur Retentionszeit 24.9 Minuten bei negativer Ionisierung. Im zugehörigen Fragmentierungsmuster wurden m/z 175, 193 und 217 gemessen

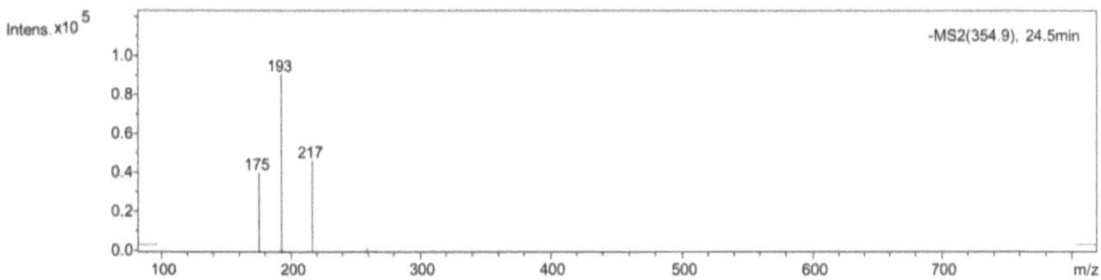

DataAnalysis: Ferulasäure-Glucoseester, -M355; -MS2 175, 193, 217; Retentionszeit 24.9 min.

Für Ferulasäure-Glucoseester ebenfalls keine Divergenz in den LCMS-Daten der verschiedenen Gruppen nachgewiesen werden.

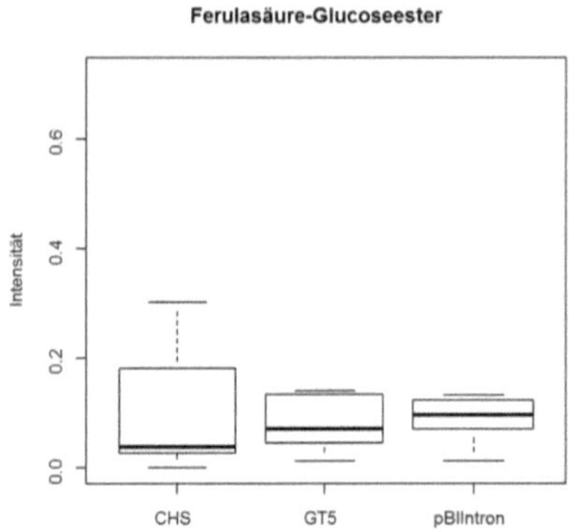

Box plot: Ratio Area Target/ISTD Ferulasäure-Glucoseester, negative Ionisierung, Retentionszeit 24.9 min

.

4.1.3. p-Cumaryl-D-Glucoseester

Identifiziert wurde p-Cumaryl-D-Glucoseester mit dem Masse-Ladungsverhältnis 325 zur Retentionszeit 24.1 Minuten bei negativer Ionisierung. Im zugehörigen Fragmentierungsmuster wurden m/z 117, 163 und 325 gemessen.

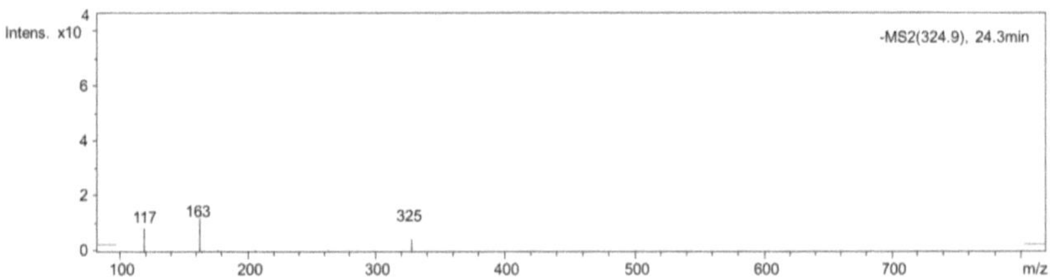

DataAnalysis: p-Cumaryl-D-Glucoseester, -M325; -MS2 117, 163, 325; Retentionszeit 24.1 min.

Für p-Cumaryl-D-Glucoseester konnte kein Unterschied in den LCMS-Daten zwischen der herabregulierten CHSi-Erdbeergruppe, der herabregulierten GT5-Erdbeergruppe und der Kontrollgruppe nachgewiesen werden.

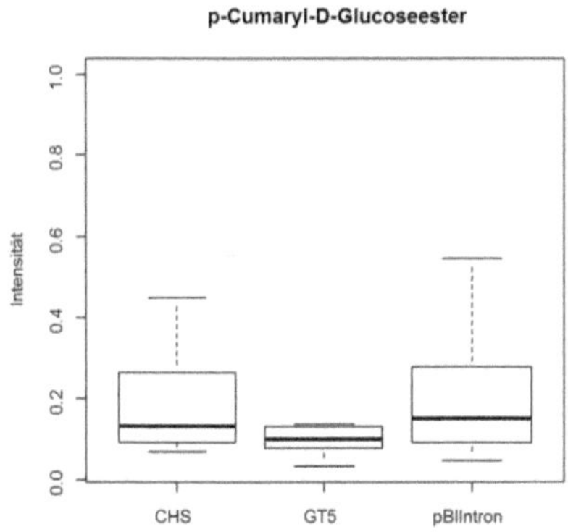

Box plot: Ratio Area Target/ISTD p-Cumaryl-D-Glucoseester, negative Ionisierung, Retentionszeit 24.1 min

Um einen signifikanten Unterschied zwischen der Kontrollgruppe und den herabregulierten GT5-Erdbeergruppe nachzuweisen, wurde bei p-Cumaryl-D-Glucoseester der Wilcoxon-Test angewendet. Dieser ergab, dass die Wahrscheinlichkeit bei 0,09887 % liegt, dass sich diese beiden Gruppen gleichen.

4.1.4. Zimtsäure-Glucoseester

Zunächst wurde Zimtsäure-Glucoseester mit dem Masse-Ladungsverhältnis 355 zur Retentionszeit 32.1 Minuten bei negativer Ionisierung identifiziert. Im zugehörigen Fragmentierungsmuster wurden m/z 147, 207 und 309 gemessen.

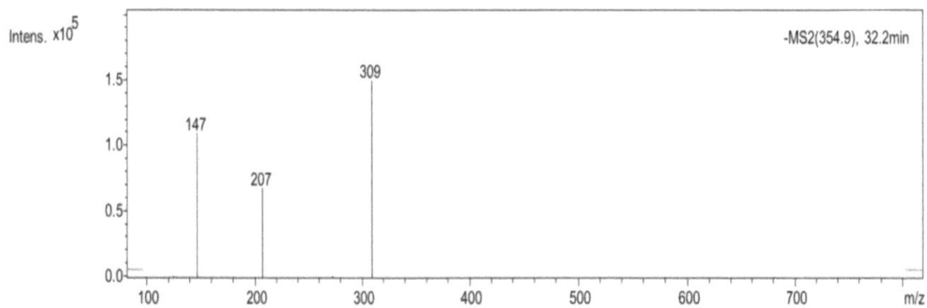

DataAnalysis: Zimtsäure-Glucoseester, -M355; -MS2 309, 207, 147; Retentionszeit 32.1 min.

Für Zimtsäure-Glucoseester konnte kein Unterschied in den LCMS-Daten zwischen der herabregulierten CHSi-Erdbeergruppe, der herabregulierten GT5-Erdbeergruppe und der Kontrollgruppe nachgewiesen werden.

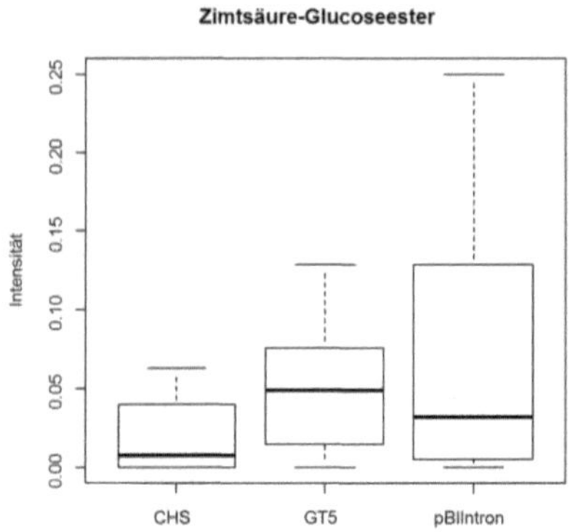

Box plot: Ratio Area Target/ISTD Zimtsäure-Glucoseester, negative Ionisierung, Retentionszeit 32.1 min

Dann wurde Zimtsäure-Glucoseester mit dem Masse-Ladungsverhältnis 333 zur Retentionszeit 32.1 Minuten bei positiver Ionisierung identifiziert. Im zugehörigen Fragmentierungsmuster wurden m/z 185 gemessen.

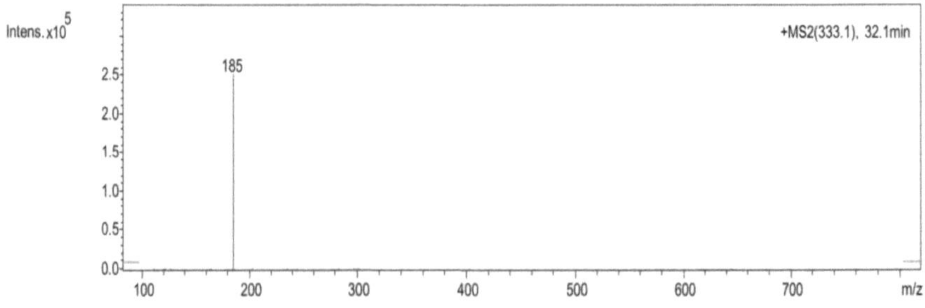

DataAnalysis: Zimtsäure-Glucoseester, +M333; +MS2185; Retentionszeit 32.1 min.

Auch hier konnte für Zimtsäure-Glucoseester kein klar erkennbarer Unterschied in den LCMS-Daten zwischen der herabregulierten CHSi-Erdbeergruppe, der herabregulierten GT5-Erdbeergruppe und der Kontrollgruppe nachgewiesen werden.

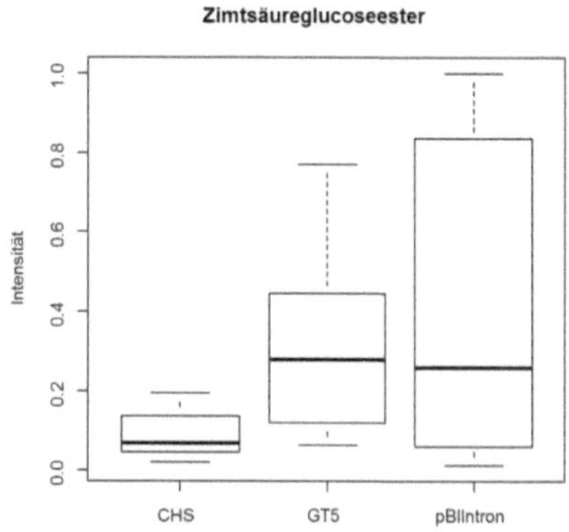

Box plot: Ratio Area Target/ISTD Zimtsäure-Glucoseester, positive Ionisierung, Retentionszeit 32.1 min

Um einen signifikanten Unterschied zwischen der herabregulierten CHSi-Erdbeergruppe und den herabregulierten GT5-Erdbeergruppe nachzuweisen, wurde bei Zimtsäure-Glucoseester der Wilcoxon-Test angewendet. Dieser ergab, dass die Wahrscheinlichkeit bei 0,04395 % liegt, dass sich diese beiden Gruppen gleichen.

4.1.5. Sinapyl-Glucoseester

Dann wurde die Masse –M385 zur Retentionszeit 27.1 Minuten bei negativer Ionisierung und einer –MS2 Fragmentierung von 223 in DataAnalysis bestimmt. Allerdings konnte in keiner Proben der herabregulierten CHSi-Erdbeergruppen, der herabregulierten GT5-Erdbeergruppen und auch nicht in der Kontrollgruppe ein passendes Fragmentierungsmuster zur gegebenen Retentionszeit für Sinapyl-Glucoseester nachgewiesen werden.

4.1.6. Kaffeesäure-Glucoseester

Zuletzt wurde Kaffeesäure-Glucoseester mit dem Masse-Ladungsverhältnis 341 zur Retentionszeit 21.1 Minuten bei negativer Ionisierung identifiziert. Im zugehörigen Fragmentierungsmuster wurden m/z 161, 179 und 203 gemessen.

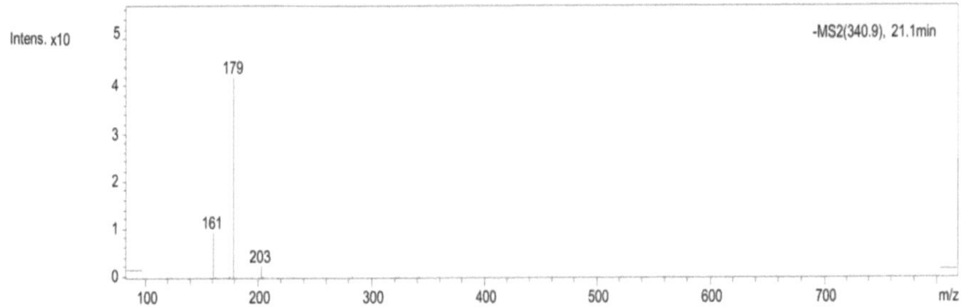

DataAnalysis: Kaffeesäure-Glucoseester, -M341; -MS2 161, 179, 203; Retentionszeit 21.1 min.

Für Kaffeesäure-Glucoseester konnte ein Unterschied in den LCMS-Daten zwischen der herabregulierten CHSi-Erdbeergruppe, der herabregulierten GT5-Erdbeergruppe und der Kontrollgruppe nachgewiesen werden.

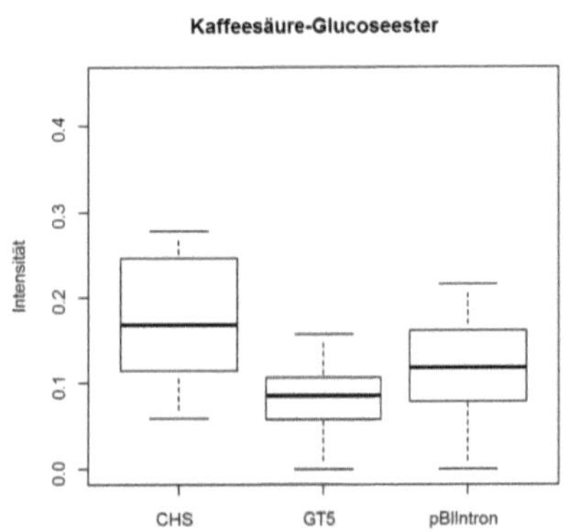

Box plot: Ratio Area Target/ISTD Kaffeesäure-Glucoseester, negative Ionisierung, Retentionszeit 21.1 min

Um einen signifikanten Unterschied zwischen der herabregulierten CHSi-Erdbeergruppe und den herabregulierten GT5-Erdbeergruppe nachzuweisen, wurde bei Kaffeesäure-Glucoseester ebenfalls der Wilcoxon-Test angewendet. Dieser ergab, dass die Wahrscheinlichkeit bei 0,003657 % liegt, dass sich diese beiden Gruppen gleichen.

4.2. Unbekannte Metabolite

Die unbekannten Metabolite wurden anhand von XCMS-Daten quantifiziert. Diese wurden dann mit Hilfe von QuantAnalysis und DataAnalysis charakterisiert. Mit der Statistiksoftware R (http://www.r-project.org/) konnten dann die verschiedenen Intensitäten der Massen in den herabregulierten CHSi-Erdbeergruppen, den herabregulierten GT5-Erdbeergruppen und den Kontrollgruppen dargestellt und verglichen werden.

4.2.1. M301

Die Retentionszeit des unbekannten Metaboliten mit m/z 301 bei negativer Ionisierung beträgt 1189 sec. Zu dieser Zeit konnten folgende Ionen im Fragmentierungsmuster –MS2 ermittelt werden: 125, 150, 168, 169 und 283

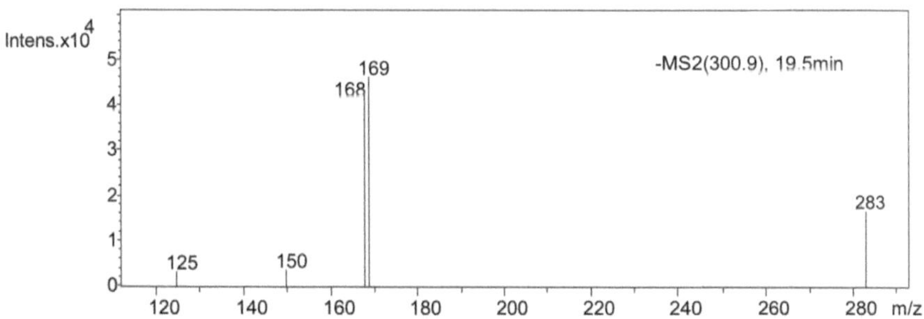

DataAnalysis: -M301; -MS2 125, 150, 168, 169, 283; Retentionszeit 19.82 min

Beim Vergleich der verschiedenen Gruppen konnte für diesen Metabolit M301 ein Unterschied festgestellt werden. Die Intensität bei den herabregulierten GT5-Erdbeergruppen ist deutlich geringer als bei der Kontrollgruppe und der herabregulierten CHSi-Gruppe.

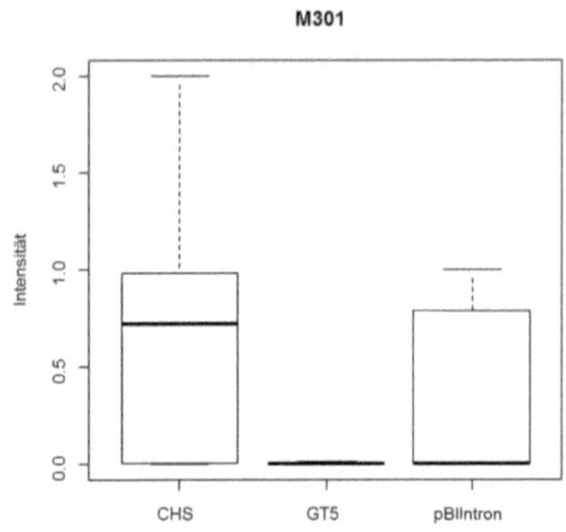

Box plot: Ratio Area Target/ISTD M301, negative Ionisierung; Retentionszeit 1189 sec

4.2.2. M215

Die Retentionszeit des unbekannten Metaboliten mit m/z 215 bei negativer Ionisierung beträgt 151 sec. Zu dieser Zeit konnten folgende Ionen im Fragmentierungsmuster –MS2 ermittelt werden: 113, 119, 143, 161 und 179

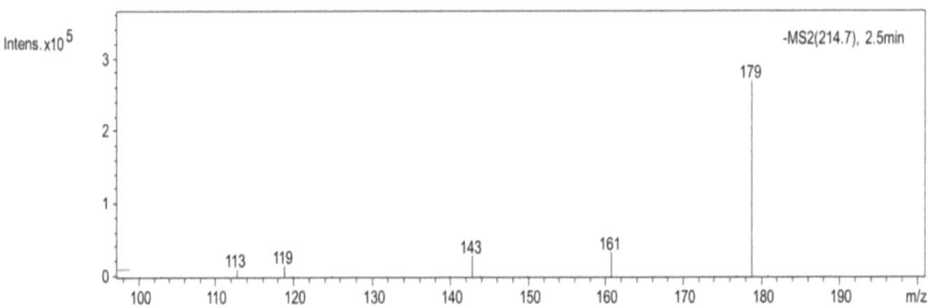

DataAnalysis: -M215; -MS2 113, 119, 143, 16, 179; Retentionszeit 2.52 min

Beim Vergleich der verschiedenen Gruppen konnte für diesen Metabolit M215 ein Unterschied festgestellt werden. Die Intensität bei der herabregulierten CHSi-Erdbeergruppen ist deutlich höher als bei der Kontrollgruppe. Um einen signifikanten Unterschied zwischen der Kontrollgruppe und der herabregulierten GT5-Erdbeergruppe nachzuweisen, wurde bei dem Metaboliten M215 der Wilcoxon-Test angewendet. Dieser ergab, dass die Wahrscheinlichkeit bei 0,008995 % liegt, dass sich diese beiden Gruppen gleichen.

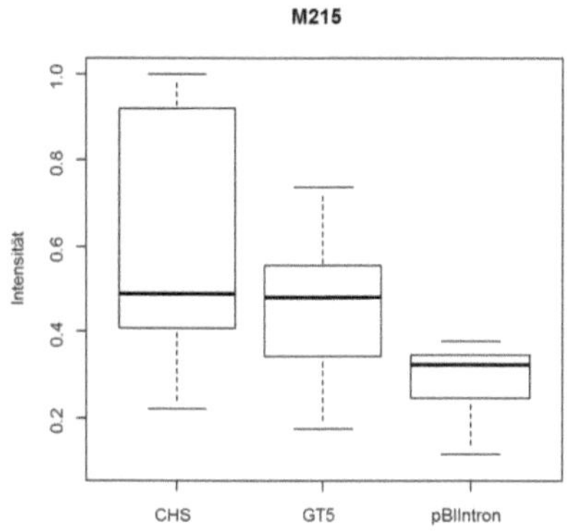

Box plot: Ratio Area Target/ISTD M215, negative Ionisierung; Retentionszeit 151 sec

4.2.3. M451

Die Retentionszeit des unbekannten Metaboliten mit m/z 451 bei positiver Ionisierung beträgt 1120 sec. Zu dieser Zeit konnten folgende Ionen im Fragmentierungsmuster +MS2 ermittelt werden: 157, 319 und 451.

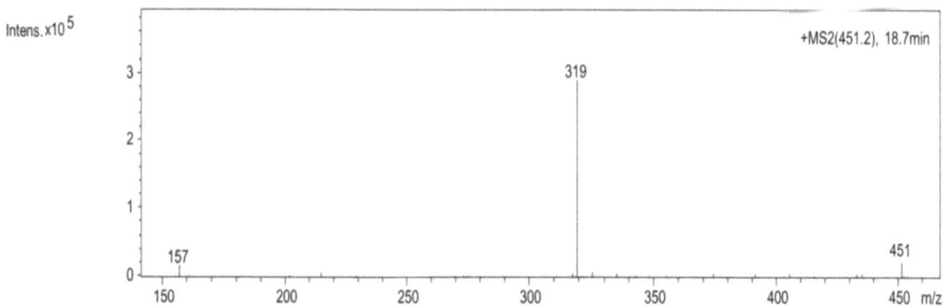

DataAnalysis: +M451; +MS2 157, 319, 451; Retentionszeit 18.67 min

Beim Vergleich der verschiedenen Gruppen konnte für diesen Metabolit M451 ein Unterschied festgestellt werden. Die Intensität bei der herabregulierten GT5-Erdbeergruppen ist deutlich höher als bei der Kontrollgruppe und die Intensität der herabregulierten CHSi-Erdbeergruppe beträgt fast null.

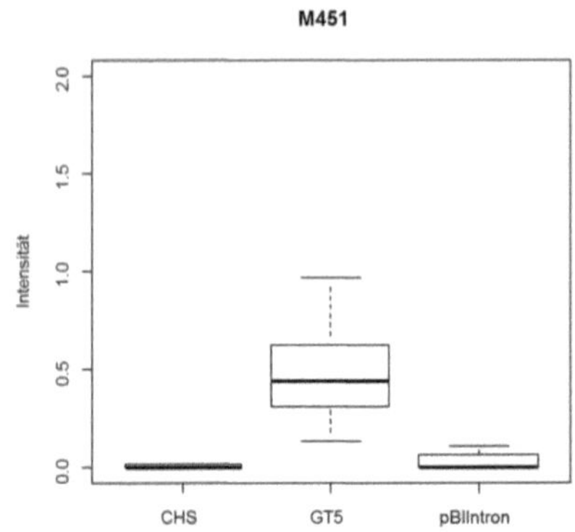

Box plot: Ratio Area Target/ISTD M451, positive Ionisierung; Retentionszeit 1120 sec

4.2.4. M277

Die Retentionszeit des unbekannten Metaboliten mit m/z 277 bei positiver Ionisierung beträgt 2422 sec. Zu dieser Zeit konnten folgende Ionen im Fragmentierungsmuster +MS2 ermittelt werden: 183, 207, 208 und 213.

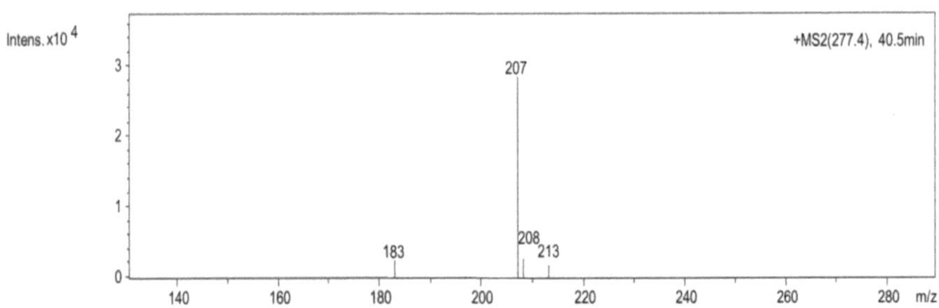

DataAnalysis: +M277; +MS2 183, 207, 208, 213; Retentionszeit 40.5 min

Beim Vergleich der verschiedenen Gruppen konnte für diesen Metabolit M277 ein Unterschied festgestellt werden. Die Intensität der Kontrollgruppe ist wesentlich höher als die Intensität der herabregulierten GT5-Erdbeergruppe der herabregulierten CHSi-Erdbeergruppe.

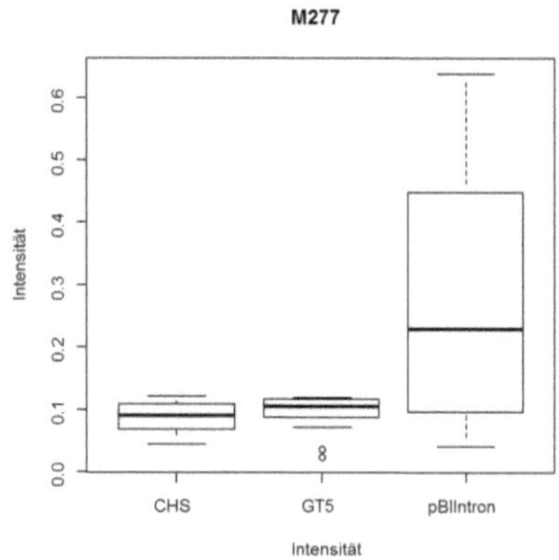

Box plot: Ratio Area Target/ISTD M277, positive Ionisierung; Retentionszeit 2422 sec

4.2.5. M449

Die Retentionszeit des unbekannten Metaboliten mit m/z 449 bei positiver Ionisierung beträgt 2245 sec. Zu dieser Zeit konnten folgendes Ion im Fragmentierungsmuster +MS2 ermittelt werden: 287. Durch den Vergleich mit einer gegebenen Tabelle kann der unbekannte Metabolit M449 als Kämpferol-3-Glykosid identifiziert werden.

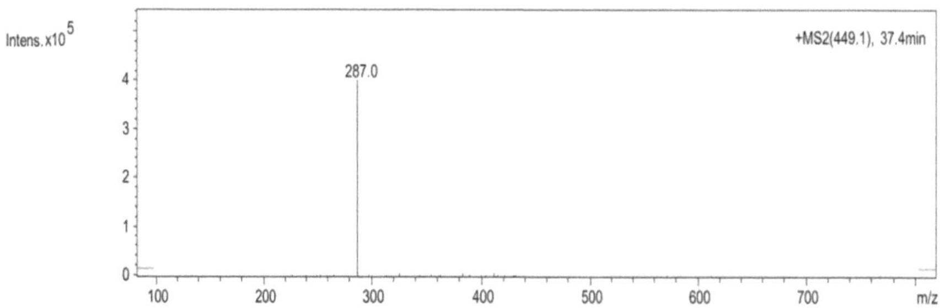

DataAnalysis: +M449; +MS2 287; Retentionszeit 37.5 min

Beim Vergleich der verschiedenen Gruppen konnte für den Metabolit M449 ein Unterschied festgestellt werden. Die Intensität bei der herabregulierten GT5-Erdbeergruppen und den herabregulierten CHSi-Erdbeergruppen ist geringer als bei der Kontrollgruppe.

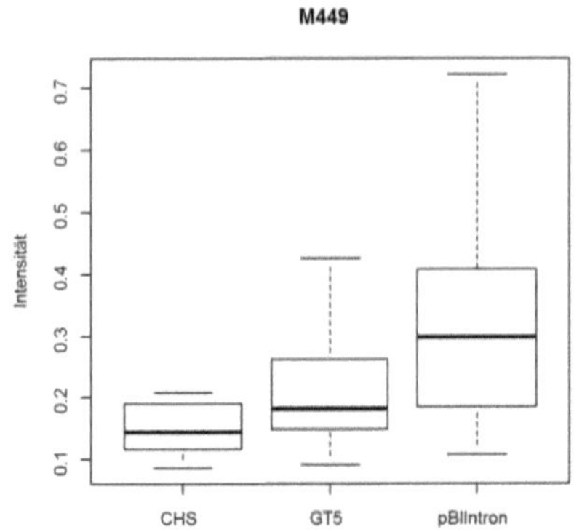

Box plot: Ratio Area Target/ISTD M449, Kämpferol-3-glykosid, positive Ionisierung; Retentionszeit 2245 sec

Auch bei Kämpferol-3-glykosid wurde der Wilcoxon-Test angewendet, um einen signifikanten Unterschied zwischen der Kontrollgruppe und der herabregulierten CHSi-Erdbeergruppe nachzuweisen. Dieser ergab, dass die Wahrscheinlichkeit bei 0,001565 liegt, dass sich diese Gruppen gleichen.

4.2.6. M476

Die Retentionszeit des unbekannten Metaboliten mit m/z 476 bei positiver Ionisierung beträgt 693 sec. Zu dieser Zeit konnten folgende Ionen im Fragmentierungsmuster +MS2 ermittelt werden: 244, 312, 329, 347 und 401.

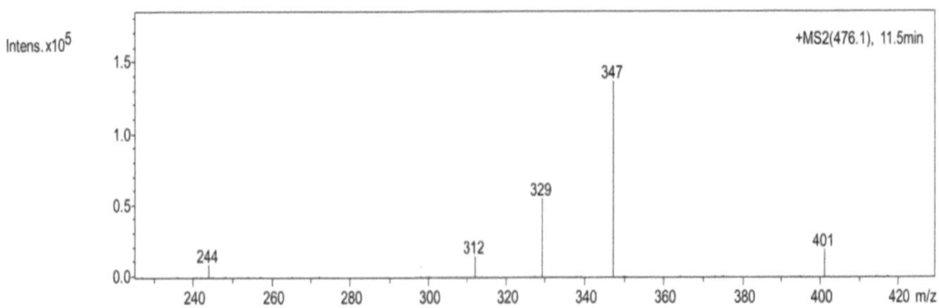

DataAnalysis: +M476; +MS2 244, 312, 329, 347, 401; Retentionszeit 11.55 min

Beim Vergleich der verschiedenen Gruppen konnte für diesen Metabolit M476 ein Unterschied festgestellt werden. Die Intensität der Kontrollgruppe liegt höher als bei der herabregulierten GT5-Erdbeergruppe und der herabregulierten CHSi-Erdbeergruppen.

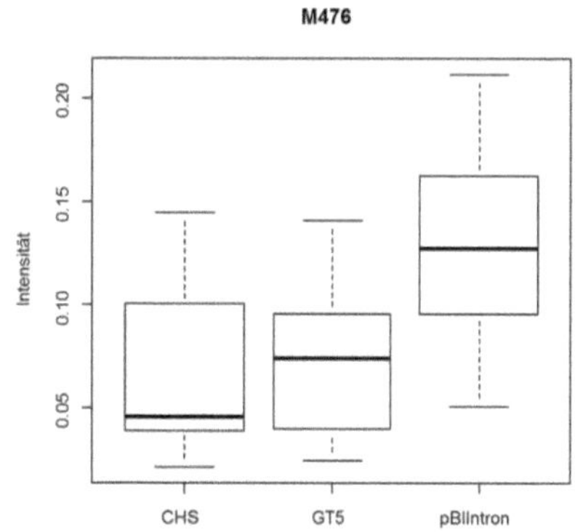

Box plot: Ratio Area Target/ISTD M476, positive Ionisierung; Retentionszeit 693 sec

4.2.7. M563

Die Retentionszeit des unbekannten Metaboliten mit m/z 563 bei positiver Ionisierung beträgt 1330 sec. Zu dieser Zeit konnten folgende Ionen im Fragmentierungsmuster +MS2 ermittelt werden: 231, 291 und 467.

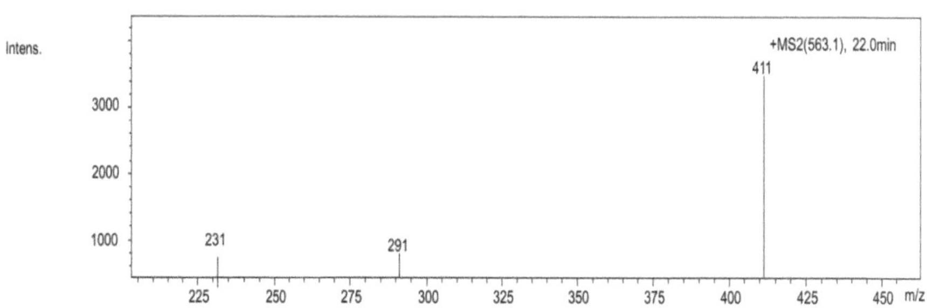

DataAnalysis: +M563; +MS2 231, 291, 411; Retentionszeit 22.17 min

Beim Vergleich der verschiedenen Gruppen konnte für diesen Metabolit M563 ein Unterschied festgestellt werden. Die Intensität der Kontrollgruppe und der herabregulierten GT5-Erdbeergruppe liegt höher als bei der herabregulierten CHSi-Erdbeergruppe.

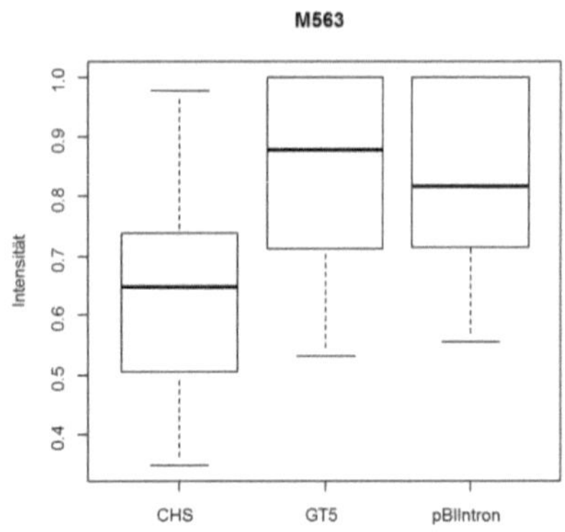

Box plot: Ratio Area Target/ISTD M563, positive Ionisierung; Retentionszeit 1330 sec

4.2.8. M599

Die Retentionszeit des unbekannten Metaboliten mit m/z 599 bei positiver Ionisierung beträgt 1815 sec. Zu dieser Zeit konnten folgende Ionen im Fragmentierungsmuster +MS2 ermittelt werden: 467, 537, 555 und 599.

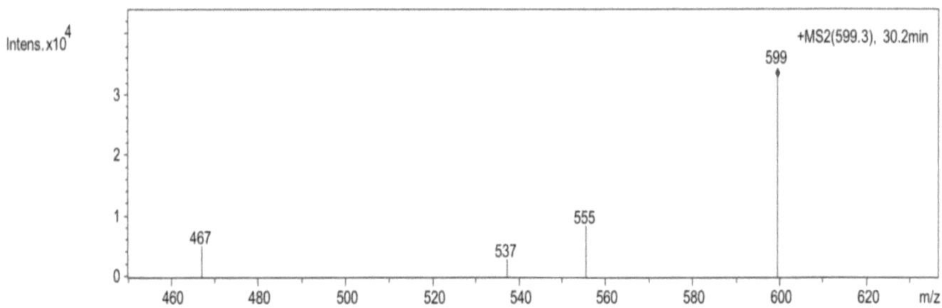

DataAnalysis: +M599; +MS2 467, 537, 555, 599; Retentionszeit 30.25 min

Bei dem Vergleich der verschiedenen Gruppen konnte für diesen Metabolit M599 ein Unterschied festgestellt werden. Die Intensität der Kontrollgruppe ist höher als die Intensität der herabregulierten CHSi-Erdbeergruppe.

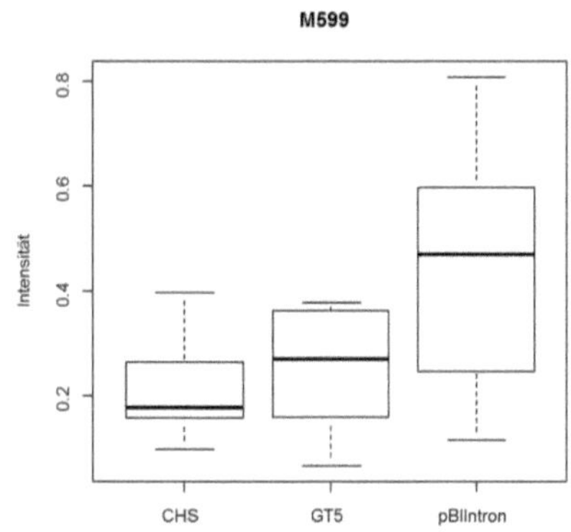

Box plot: Ratio Area Target/ISTD M599, positive Ionisierung; Retentionszeit 1815 sec

Um einen signifikanten Unterschied zwischen der herabregulierten CHSi-Erdbeergruppe und der Kontrollgruppe nachzuweisen, wurde bei dem Metaboliten M599 der Wilcoxon-Test angewendet. Dieser ergab, dass die Wahrscheinlichkeit bei 0,000691 % liegt, dass sich diese beiden Gruppen gleichen.

5. Diskussion

Der Vergleich der untersuchten Gruppen zeigt, dass die Herabregulation der FaGT5 und der CHSi auf verschiedene Metaboliten unterschiedliche Einflüsse hat. Grießer (2006) zeigte in seiner Dissertation, dass rekombinante FaGT5 *in vitro* sowohl Hydroxybenzoesäuren als auch Hydroxyzimtsäuren (p-Cumarsäure, Kaffeesäure, Ferulasäure, Sinapinsäure, Zimtsäure) (Grießer, 2006; 63) umsetzt. Die Herabregulation der FaGT5 *in vivo* hat auf die bekannten Metabolite Hydroxybenzoesäure-Glucoseester, Ferulasäure-Glucoseester und Zimsäure-Glucoseester und Kaffeesäure-Glucoseester keinerlei Auswirkung, das heißt sie werden nicht als Substrate verwendet. Lediglich bei p-Cumaryl-D-Glucose lässt sich sagen, dass die Konzentration in der herabregulierten GT5-Erdbeergruppe im Vergleich zur Kontrollgruppe erniedrigt ist.

Grießer (2006) beschrieb darüber hinaus, dass Spuren von Kämpferol umgesetzt worden sind, so wie es bei der Herabregulation der FaGT5 *in vivo* ebenfalls nachgewiesen worden ist.

Bei der herabregulierten CHSi-Erdbeergruppe war die Konzentration der Kaffeesäure-Glucoseester, wie schon durch Hoffmann *et al.* 2006 gezeigt, deutlich höher als die der Kontrollgruppe. Um einen signifikanten Unterschied nachzuweisen, wurde der Wilcoxon-Test angewendet. Dieser zeigt, dass die Wahrscheinlichkeit, dass sich die Konzentration von Kaffeesäure-Glucoseester in den herabregulierten CHSi-Erdbeergruppen und der Kontrollgruppe gleichen, bei 0.06906 % liegt. Bei Ferulasäure-Glucoseester hingegen liegt die Wahrscheinlichkeit, dass sich die Konzentration in den herabregulierten CHSi-Erdbeergruppen und der Kontrollgruppe gleichen, bei 0.16052 %. Diese Verteilung kann durch biologische Veränderungen oder durch inhomogene Effekte der Herabregulation erklärt werden.

Bei Zimtsäure-Glucoseester ist die Konzentration deutlich geringer in der herabregulierten CHSi-Erdbeergruppe als in der Kontrollgruppe.

Bei den unbekannten Metaboliten M301 hat die Herabregulation der FaGT5 Auswirkungen auf die Konzentration in den Erdbeergruppen. Sowohl in der Kontrollgruppe als auch in der CHSi-Erdbeergruppe kommt M301 vor, in der GT5-Erdbeergruppe dagegen nicht.

Gegenteiliges ist bei dem unbekannten Metabolit M451 zu erkennen. Hier steigt die Konzentration in der GT5-Erdbeergruppe an, die Konzentration in der Kontrollgruppe und der CHSi-Erdbeergruppe hingegen beträgt fast null.

Bei der positiven Ionisierung der unbekannten Metabolite fällt auf, dass die Konzentration der Metaboliten M277, M449, M476 und M599 in der Kontrollgruppe am höchsten ist, gefolgt von der herabregulierten GT5-Erdbeergruppe bis zur herabregulierten CHSi-Erdbeergruppe.

Lediglich bei dem unbekannte Metabolit M563 ist die Konzentration in der Kontrollgruppe etwa genauso hoch wie in der herabregulierten GT5-Erdbeergruppe. Aber auch hier ist die Konzentration in der CHSi-Erdbeergruppe am geringsten.

Um welche Sekundärmetabolite es sich letztendlich handelt, und welche Auswirkungen die Herabregulation der FaGT5 und der CHSi auf diese haben, ist nicht eindeutig bestimmbar.

Um zu überprüfen, ob die Gene wirklich herabreguliert waren ist eine Überprüfung auf Transkriptebene wichtig

Literatur

Bakker, J., Bridle, P. und Bellworthy, S.J. (1994) Strawberry juice colour: a study of the quantitative and qualitative pigment composition of juices from 39 genotypes. *J. Sci. Food Agric.* 64, 31-37.

Bowles, D., Lim, E.-K., Poppenberger, B. und Vaistij, F.E. (2006) Glycosyltransferases of lipophilic small molecules. *Annu. Rev. Plant Biol.* 57.

Campbell, J.A., Davies, G.J., Bulone, V. und Henrissat, B. (1997) A classification of nucleotide-diphospho-sugar glycosyltransferases based on amino acid sequence similarities. *Biochem J.* **326**, 929-942.

Coutinho, P.M., Deleury, E., Davies, G.J. und Henrissat, B. (2003) An evolving hierarchical family classification for glycosyltransferases. *J. Mol. Biol.* 328, 307-317.

Dai J, Mumper RJ (2010) Plant phenolics: Extraction, analysis and their antioxidant and anticancer properties. *Molecules* **15**:7313–7352.

Davies K. M., Schwinn K. E., (2006) Molecular biology and biotechnology of flavonoid biosynthesis. In Flavonoids. Chemistry, Bio Chemistry and Applications (eds Ø. M. Andersen, K. R. Markham), 143-218. CRC Press, Boca Taton, FL, USA

Forkmann, G. und Martens, S. (2001) Metabolic engineering and applications of flavonoids. *Curr. Opin. Biotechnol.* **12**, 155-160.

Giampieri F, Tulipani S, Alvarez-Suarez JM, Quiles JL, Mezzetti B, Battino M (2012) The strawberry: composition, nutritional quality, and impact on human health. *Nutrition* **28**:9–19.

Grießer, Markus (2006) Funktionelle Charakterisierung von Glycosyltransferasen der Erdbeerfrucht (Fragaria x ananassa)

Häkkinen, S.H. und Törrönen, A.R. (2000) Content of flavonols and selected phenolic acids in strawberries and *Vaccinium* species: influence of cultivar, cultivation site and technique. *Food Res. Int.* **33**, 517-524.

Hancock, J.F. (1999) Strawberries. New York, CABI Publishing.

Hannum, S.M. (2004) Potential impact of strawberries on human health: a review of the science. *Crit. Rev. Food Sci. Nutr.* **44**, 1-17.

Henning, W. (1981) Flavonolglykoside der Erdbeeren (Fragaria x ananassa Duch.), Himbeeren (Rubus idaeus L.) und Brombeeren (Rubus fruticosus L.). *Z. Lebensm. Unters. Forsch.* **173**, 180-187.

Hoffmann T, Kalinowski G, Schwab W (2006) RNAi-induced silencing of gene expression in strawberry fruit (*Fragaria × ananassa*) by agroinfiltration: a rapid assay for gene function analysis. *Plant Journal* **48**:818–826.

Horvath, D.M. und Chua, N.-H. (1996) Identification of an immediate-early salicylic acid-inducible tobacco gene and characterization of induction by other compounds. *Plant Mol. Biol.* **31**, 1061-1072.

Larsen M, Poll L (1992) Odour thresholds of some important aroma compounds in strawberries. *Zeitschrift für Lebensmitteluntersuchung und -forschung* **195**:120–123.

Larsen M, Poll L, Olsen C (1992) Evaluation of the aroma composition of some strawberry (*Fragaria × ananassa* Duch.) cultivars by use of odour threshold values. *Zeitschrift für Lebensmitteluntersuchung und -forschung* **195**:536–539.

Latrasse A (1991) Fruits III. *In:* Maarse H (Ed) Volatile Compounds in Foods and Beverages. Marcel Dekker Publishing, New York, USA, S. 329-387.

Lunkenbein, S. (2006) Reifekorrelierte Enzyme des Sekundärstoffwechsels von Erdbeeren (*Fragaria x ananassa*). Expression und Funktion. Dissertation, Technische Universität München.

Lunkenbein, S., Bellido, M.L., Aharoni, A., Salentijn, E.M.J., Kaldenhoff, R.,

Macheix, J.-J., Fleuriet, A. und Billot, J. (1990) Fruit Phenolics. Boca Raton, CRC Press.

Pereira DM, Valentão P, Pereira JA, Andrade PB (2009) Phenolics: from chemistry to biology. *Molecules* 14:2202–2211.

Ryan, J.J. (1971) Flavonol glycosides of the cultivated strawberry. *J. Food Sci.* 36, 867-870.

Schieberle, P. und Hofmann, T. (1997) Evaluation of the character impact odorants in fresh strawberry juice by quantitative measurements and sensory studies on model mixtures. *J. Agric. Food Chem.* 45, 227-232.

Souci SW, Fachmann W, Kraut H (2008) Food Composition and Nutrition Tables. Medpharm Scientific Publishers, Stuttgart, 7. Auflage: S. 1058-1059.

Törrönen, R. und Määttää, K. (2002) Bioactive substances and health benefits of strawberries. *Acta Hort.* 567, 797-803.

Ververidis F, Trantas E, Douglas C, Vollmer G, Kretzschmar G, Panopoulos N (2007) Biotechnology of flavonoids and other phenylpropanoid-derived natural products. Part I: Chemical diversity, impacts on plant biology and human health. *Biotechnology Journal* 2:1214–1234.

Vogt, T. und Jones, P. (2000) Glycosyltransferases in plant natural product synthesis: characterization of a supergene family. *Trends Plant Sci.* **5**, 380-386.

Wang, S.Y. und Lin H.-S. (2000) Antioxidant activity in fruits and leaves of blackberry, raspberry, and strawberry varies with cultivar and developmental stage. *J. Agric. Food Chem.* 48, 140-146.

Zabetakis I, Holden MA (1997) Strawberry flavour: Analysis and biosynthesis. *Journal of the Science of Food and Agriculture* 74:421–434.

Zorrilla-Fontanesi Y, Cabeza A, Domínguez P, Medina J, Valpuesta V, Denoyes-Rothan B, Sánchez-Sevilla J, Amaya I (2011) Quantitative trait loci and underlying candidate genes controlling agronomical and fruit quality traits in octoploid strawberry (*Fragaria × ananassa*). *Theoretical and Applied Genetics* **123**:755–778.

Abb.2:

Quelle:http://origin-ars.els-cdn.com/content/image/1-s2.0-S0031942206007643gr1.jpg

Abb.3:

Quelle:http://pharm1.pharmazie.unigreifswald.de/allgemei/pbvor/flavonoi/bilder/flavo-21.gif

Abb.4:

Quelle: http://www.pharmakobotanik.de/allgemei/pb-vor/flavonoi/bilder/flavo-12.gif

Anhang

Negative Ionisierung/CHSi-Erdbeergruppe

Metabolit	Retentionszeit in Sekunden	Ionisierung
M115	206	-
M192	325	-
M273	113	-
M284	2462	-
M301	1189	-
M447	2245	-
M473	1819	-
M484	2099	-
M485	2100	-
M487	2512	-
M489	2303	-
M490	2303	-
M511	2100	-
M523	2061	-
M533	2304	-
M627	1256	-
M679	220	-

Positive Ionisierung/CHSi-Erdbeergruppe

Metabolit	Retentionszeit in Sekunde	Ionisierung
M192	149	+
M277	2422	+
M282	149	+
M287	2245	+
M449	2245	+
M471	69	+
M472	2244	+
M476	693	+

M506	1660	+
M508	742	+
M520	1820	+
M521	1817	+
M546	1985	+
M563	1330	+
M570	1713	+
M599	1815	+
M657	1999	+
M664	1904	+

Negative Ionisierung/GT5-Erdbeergruppe

Metabolit	Retentionszeit in Sekunden	Ionisierung
M215	151	-
M217	151	-
M227	174	-
M237	160	-
M271	1731	-
M277	155	-
M289	1291	-
M372	162	-
M376	1731	-
M432	162	-
M439	175	-
M536	170	-
M538	170	-
M577	1134	-
M580	1291	-
M619	1385	-
M774	1713	-
M779	858	-

Positive Ionisierung/GT5-Erdbeergruppe

Metabolit	Retentionszeit in Sekunden	Ionisierung
M130	365	+
M139	1731	+
M196	166	+
M277	2422	+
M319	1052	+
M321	123	+
M322	364	+
M391	166	+
M429	161	+
M451	1120	+
M476	693	+
M506	1660	+
M538	3376	+
M573	2331	+
M593	2463	+
M599	1815	+
M613	597	+
M643	1879	+
M735	2410	+